Abdelhafid Mimouni

Manganês: Os segredos bioinorgânicos

Abdelhafid Mimouni

Manganês: Os segredos bioinorgânicos

ScienciaScripts

Imprint

Any brand names and product names mentioned in this book are subject to trademark, brand or patent protection and are trademarks or registered trademarks of their respective holders. The use of brand names, product names, common names, trade names, product descriptions etc. even without a particular marking in this work is in no way to be construed to mean that such names may be regarded as unrestricted in respect of trademark and brand protection legislation and could thus be used by anyone.

Cover image: www.ingimage.com

This book is a translation from the original published under ISBN 978-620-6-72071-3.

Publisher:
Sciencia Scripts
is a trademark of
Dodo Books Indian Ocean Ltd. and OmniScriptum S.R.L publishing group

120 High Road, East Finchley, London, N2 9ED, United Kingdom
Str. Armeneasca 28/1, office 1, Chisinau MD-2012, Republic of Moldova, Europe
Printed at: see last page
ISBN: 978-620-8-03774-1

MANGANÊS: OS SEGREDOS BIOINORGÂNICOS

AUTOR

O Dr. Abdelhafid Mimouni é um investigador independente especializado na química de sistemas bioinorgânicos. Possui uma vasta experiência em síntese e caraterização macromolecular. caraterização. Obteve o seu doutoramento em Química pela Universidade de Paris XII em 1997 e um Diplôme des études approfondies em Sistemas Bioinorgânicos pela Universidade de Paris XI em 1993.

RESUMO E DEDICATÓRIA

Manganês: Segredos Bioinorgânicos revela a importância essencial deste mineral para a nossa saúde. Descubra como o manganês apoia o metabolismo, fortalece os ossos, protege contra o stress oxidativo e promove a função cerebral. Este livro explora as melhores fontes alimentares, os mecanismos de absorção e os efeitos de uma deficiência ou excesso. Também analisa os recentes avanços na investigação e as potenciais aplicações na saúde pública.

Este trabalho é dedicado às minhas queridas companheiras do DEA Bioinorganique d'Orsay, turma de 93: Béatrice, Brigitte, Murielle, Anne e Françoise. A vossa gentileza, a vossa ajuda e a vossa inteligência marcaram profundamente a minha carreira. Obrigada pela vossa inspiração e apoio.

ÍNDICE

1. INTRODUÇÃO

Importância do manganês

O manganésio (Mn) é um oligoelemento essencial que desempenha um papel crucial na saúde humana, embora seja frequentemente subestimado em comparação com outros nutrientes. Presente em quantidades ínfimas no organismo, é, no entanto, fundamental para uma série de processos biológicos que influenciam o nosso bem-estar geral.

Um nutriente vital mas pouco conhecido

Embora o manganês não seja tão conhecido nos meios de comunicação social como o ferro ou o cálcio, é essencial para uma série de funções vitais do organismo. Está envolvido no metabolismo dos macronutrientes, na formação do tecido conjuntivo e na manutenção da saúde óssea. Além disso, desempenha um papel fundamental na defesa contra o stress oxidativo através da sua participação na formação da enzima superóxido dismutase (SOD), que ajuda a neutralizar os radicais livres no organismo.

Um equilíbrio delicado

O manganês está presente na nossa alimentação sob a forma de vários alimentos ricos em nutrientes, como os frutos secos, as sementes, os cereais integrais e certos legumes. No entanto, o organismo não consegue armazenar este oligoelemento em grandes quantidades, pelo que é necessário consumi-lo regularmente através de uma alimentação equilibrada. Os desequilíbrios, quer sejam devidos a uma carência ou a um excesso de manganês, podem conduzir a vários problemas de saúde. Uma carência pode afetar o crescimento, a formação e a função óssea, perturbações neurológicas e outras complicações.

Porque é que compreender o manganês é crucial

Compreender o papel do manganésio no organismo é essencial por várias razões. Em primeiro lugar, ajuda-nos a compreender melhor como uma alimentação variada pode prevenir as carências e manter a saúde. Em segundo lugar, ajuda-nos a compreender a importância da regulação deste mineral para evitar os efeitos nefastos de um consumo excessivo. Por último, num contexto clínico e de investigação, um conhecimento aprofundado do manganésio pode oferecer informações sobre o tratamento e a prevenção de doenças ligadas ao seu metabolismo.

Ao explorar os vários aspectos do manganês, este livro tem como objetivo fornecer uma visão abrangente deste oligoelemento vital, destacando as suas funções biológicas, fontes dietéticas e as implicações dos seus desequilíbrios na saúde humana. Através desta exploração, esperamos enriquecer a compreensão do papel do manganês e contribuir para uma melhor gestão da saúde e do bem-estar.

2. PROPRIEDADES FÍSICAS E QUÍMICAS

Características do manganês

O manganês é um elemento químico essencial com propriedades físico-químicas únicas que determinam o seu papel em vários processos biológicos e industriais.

Propriedades químicas e físicas

O manganês (símbolo Mn) é um metal de transição do grupo 7 da tabela periódica. No seu estado puro, apresenta-se como um sólido duro, quebradiço e cinzento-prateado. As suas propriedades químicas e físicas são influenciadas pela sua posição na tabela periódica e pela sua configuração eletrónica.

- **Número atómico**: 25

- **Massa atómica**: 54.938044 u

- **Ponto de fusão**: 1 246 °C

- **Ponto de ebulição**: 2,096°C

- **Densidade**: 7,43 g/cm³.

- **Estado à temperatura ambiente** : Sólido

O manganês tem vários estados de oxidação, sendo os mais comuns Mn^{2+}, Mn^{3+} e $Mn4+$. Estes estados de oxidação influenciam a reatividade e os tipos de compostos que o manganês pode formar:

- **Mn^{2+}**: Este é o estado de oxidação mais estável do manganês em soluções aquosas, frequentemente encontrado em sais como o sulfato de manganês ($MnSO4$) e o cloreto de manganês ($MnCl2$).

- **Mn³⁺**: Menos estável que o Mn²⁺, este estado está frequentemente envolvido em reacções redox e encontra-se em compostos como o cloreto de manganês(III) (MnCl3).
- **Mn⁴⁺**: Geralmente presente em óxidos e hidróxidos, como o dióxido de manganês (MnO2), este estado é importante em reacções catalíticas e processos de descontaminação.

Presença na Natureza

O manganês é um elemento abundante na crosta terrestre, onde se encontra principalmente sob a forma de minerais. Os principais minerais que contêm manganês são :

• **Pirolusite (MnO2)**: Um mineral comum que é uma importante fonte de manganês na indústria.

• **Manganite (MnO(OH))**: Outro mineral importante que contém manganês e é utilizado em certas aplicações metalúrgicas.

• **Rodocrosite (MnCO3)**: Um carbonato de manganês frequentemente encontrado em depósitos de minério.

No ambiente, o manganês está presente nos solos, nas rochas e nas águas naturais. Também é libertado para o ar e para a água por actividades humanas como a exploração mineira e a utilização de produtos que contêm manganês.

3. FONTES ALIMENTARES

Alimentos ricos em manganês

O manganês está presente numa grande variedade de alimentos. Segue-se uma lista detalhada das principais fontes alimentares de manganês, com exemplos específicos e as suas concentrações aproximadas de manganês:

1. Frutos secos e sementes

- **Sementes de girassol**: Cerca de 1,9 mg de manganésio por 100 g.

- **Castanhas do Brasil**: Aproximadamente 1,2 mg de manganês por 100 g.

- **Amêndoas**: Cerca de 0,6 mg de manganésio por 100 g.

2. Cereais e grãos integrais

- **Arroz integral**: Cerca de 1,1 mg de manganésio por 100 g.

- **Aveia**: Cerca de 1,3 mg de manganésio por 100 g.

- **Pão integral**: Cerca de 1,3 mg de manganésio por 100 g.

3. Legumes

- **Espinafres**: Cerca de 0,9 mg de manganês por 100 g.

- **Batata-doce**: Cerca de 0,4 mg de manganésio por 100 g.

- **Feijão verde**: Cerca de 0,6 mg de manganésio por 100 g.

4. Fruta

- **Ananás**: Cerca de 0,9 mg de manganésio por 100 g.

- **Framboesas**: Cerca de 0,7 mg de manganésio por 100 g.

- **Mirtilos**: Cerca de 0,5 mg de manganésio por 100 g.

5. Impulsos

- **Grão-de-bico**: Aproximadamente 0,8 mg de manganês por 100 g.

- **Lentilhas**: Aproximadamente 0,5 mg de manganês por 100 g.

Absorção e metabolismo

O manganês é absorvido no trato gastrointestinal e depois transportado por todo o corpo. Aqui está uma visão geral do processo de absorção e metabolismo do manganês:

Absorção

- **Trato gastrointestinal**: O manganês é absorvido principalmente no intestino delgado. Cerca de 1 a 5% do manganês ingerido é absorvido, embora esta proporção possa variar em função de vários factores, como a forma química do manganês e a presença de outros nutrientes.
- **Factores que afectam a absorção**: A presença de ferro, cálcio e fitatos na dieta pode reduzir a absorção de manganês. Pelo contrário, uma baixa concentração de ferro pode aumentar a absorção de manganésio.

Transporte

- **Transporte sanguíneo**: Uma vez absorvido, o manganês é transportado no sangue principalmente sob a forma de complexos com proteínas de transporte, como a albumina. O manganésio é transportado para o fígado, os rins, os ossos e o cérebro.

- **Armazenamento e distribuição**: O manganésio é armazenado em vários tecidos, nomeadamente no fígado, nos rins e nos ossos. Também se encontra uma pequena quantidade no cérebro, onde desempenha um papel crucial na função neurológica.

Biodisponibilidade

- **Biodisponibilidade**: A biodisponibilidade do manganês depende da sua forma química e da composição da dieta. As formas orgânicas de manganês, como os fosfatos de glicerina, são geralmente mais bem absorvidas do que as formas inorgânicas.

- **Excreção**: O manganês é principalmente excretado nas fezes. Uma pequena quantidade é também eliminada na urina.

3. Fontes alimentares Alimentos ricos em manganês

O manganês é um oligoelemento essencial que se encontra numa grande variedade de alimentos. Aqui está uma visão detalhada das principais fontes alimentares de manganês, juntamente com a sua concentração aproximada:

1. Frutos secos e sementes

- **Sementes de girassol**: Contêm cerca de 1,9 mg de manganésio por 100 g. São também ricas em vitaminas e minerais essenciais.

- **Castanhas do Brasil**: Contêm cerca de 1,2 mg de manganês por 100 g, além de serem uma excelente fonte de selénio.

• **Amêndoas**: Oferecem cerca de 0,6 mg de manganês por 100 g e são também ricas em ácidos gordos saudáveis.

2. Cereais e grãos integrais

• **Arroz integral**: Aproximadamente 1,1 mg de manganês por 100 g. É uma boa fonte de fibra alimentar e de outros minerais.

• **Aveia**: Contém cerca de 1,3 mg de manganês por 100 g. É também uma fonte de vitaminas do grupo B e de fibras solúveis.

• **Pão integral**: Cerca de 1,3 mg de manganésio por 100 g. O pão integral conserva os nutrientes dos cereais não refinados.

3. Legumes

• **Espinafres**: Fornece cerca de 0,9 mg de manganês por 100 g. Os espinafres também são ricos em vitaminas A e C e em ferro.

• **Batata-doce**: Contêm cerca de 0,4 mg de manganésio por 100 g, bem como vitaminas A e C.

• **Feijão verde**: Oferecem cerca de 0,6 mg de manganésio por 100 g. São também uma fonte de fibras e vitaminas.

4. Fruta

• **Ananás**: Contém cerca de 0,9 mg de manganês por 100 g. O ananás é também rico em vitamina C e bromelaína.

• **Framboesas**: Contêm cerca de 0,7 mg de manganês por 100 g e são também ricas em antioxidantes.

• **Mirtilos**: Fornecem cerca de 0,5 mg de manganésio por 100 g, bem como antioxidantes e vitaminas.

5. Impulsos

- **Grão-de-bico**: Contém cerca de 0,8 mg de manganês por 100 g e é também rico em proteínas vegetais e fibras.
- **Lentilhas**: Oferecem cerca de 0,5 mg de manganésio por 100 g, com proteínas e fibras.

Absorção e metabolismo

O manganês é absorvido e metabolizado de formas específicas no organismo. Estes processos são descritos de seguida:

Absorção

- **Trato gastrointestinal**: O manganês é absorvido principalmente no intestino delgado. A proporção absorvida varia geralmente entre 1 e 5% da quantidade ingerida. Esta absorção pode ser influenciada pela forma química do manganês e pela presença de outros nutrientes.
- **Factores que afectam a absorção**: A presença de fitatos (presentes nos cereais e nas leguminosas) e de ferro na alimentação pode reduzir a absorção do manganésio, ao passo que uma carência de ferro pode aumentar a sua absorção.

Transporte

- **Transporte sanguíneo**: Após a absorção, o manganês é transportado no sangue sob a forma de complexos com proteínas como a albumina. O manganês é transportado para vários tecidos do corpo, incluindo o fígado, os rins e os ossos.
- **Distribuição e armazenamento**: O manganês é armazenado no fígado, nos

rins e nos ossos, e em pequenas quantidades no cérebro. O seu armazenamento é essencial para a sua disponibilidade e utilização nos processos biológicos.

Biodisponibilidade

- **Biodisponibilidade**: A biodisponibilidade do manganês depende da forma química do mineral e da sua interação com outros nutrientes. As formas orgânicas de manganês, como os sais de manganês, são geralmente mais bem absorvidas do que as formas inorgânicas.
- **Excreção**: A maior parte do excesso de manganês é excretada nas fezes, enquanto uma pequena quantidade é eliminada na urina. O organismo regula rigorosamente os níveis de manganês para evitar a sua acumulação tóxica.

4. PAPÉIS FISIOLÓGICOS

Metabolismo

O manganésio desempenha um papel crucial em vários aspectos do metabolismo do organismo. Cofator essencial de várias enzimas, ajuda a regular e a otimizar os processos metabólicos:

• **Metabolismo dos hidratos de carbono**: O manganésio está envolvido na glicólise, a via metabólica através da qual a glucose é decomposta para produzir energia. Está também envolvido na síntese de hidratos de carbono complexos, como o glicogénio, que é armazenado no fígado e nos músculos.

• **Metabolismo lipídico**: O manganês contribui para a síntese dos ácidos gordos e para o metabolismo dos lípidos, facilitando a conversão dos lípidos em energia. Desempenha um papel na formação das lipoproteínas, essenciais para o transporte dos lípidos no sangue.

• **Metabolismo das proteínas**: Este oligoelemento é um cofator para as enzimas envolvidas no metabolismo dos aminoácidos e na formação de proteínas estruturais e funcionais no organismo.

Formação óssea

O manganês é essencial para a saúde dos ossos e da cartilagem, desempenhando um papel direto na sua formação e manutenção:

• **Formação da cartilagem**: O manganésio é essencial para a síntese dos glicosaminoglicanos, componentes fundamentais da cartilagem. Contribui para manter a estrutura e a função da cartilagem articular.

- **Mineralização óssea**: Enquanto cofator das enzimas envolvidas na mineralização óssea, o manganésio contribui para a formação e o reforço dos ossos. Ajuda igualmente a regular a densidade mineral óssea.

Antioxidante

O manganês é um elemento-chave na defesa contra o stress oxidativo, principalmente através do seu papel na formação da superóxido dismutase (SOD):

- **Superóxido Dismutase (SOD)**: A SOD é uma enzima antioxidante crucial que catalisa a conversão dos radicais superóxido, espécies reactivas de oxigénio nocivas (ROS), em peróxido de hidrogénio e oxigénio. O manganês é um componente central da SOD mitocondrial, onde desempenha um papel na proteção das células contra os danos oxidativos, o que é essencial para prevenir o envelhecimento prematuro e várias doenças degenerativas.

Função cerebral

O manganês tem também um impacto significativo na função cerebral:

- **Desenvolvimento do cérebro**: O manganês é crucial para o desenvolvimento neurológico normal. Contribui para a formação de neurotransmissores e para a plasticidade cerebral.
- **Manutenção das funções cognitivas**: Desempenha um papel na manutenção das funções cognitivas e da memória. A deficiência ou o excesso de manganês pode influenciar a saúde mental e a capacidade cognitiva.

5. ENZIMAS DEPENDENTES DE MANGANÊS

Superóxido Dismutase (SOD)

A Superóxido Dismutase (SOD) é uma enzima antioxidante essencial que desempenha um papel crucial na proteção das células contra o stress oxidativo. O manganês é um cofator essencial para esta enzima, em particular para a forma mitocondrial da SOD, conhecida como Mn-SOD.

• **Função da SOD**: A SOD catalisa a dismutação dos radicais superóxido (O2-), espécies reactivas de oxigénio (ERO) potencialmente nocivas, em peróxido de hidrogénio (H2O2) e oxigénio (O2). Esta reação é essencial para limitar os danos oxidativos nas células e nos tecidos, protegendo as proteínas, os lípidos e o ADN dos danos causados pelos ERO.

• **Importância na defesa contra o stress oxidativo**: Ao neutralizar os radicais superóxido, a SOD desempenha um papel fundamental na prevenção de doenças degenerativas e do envelhecimento prematuro. É particularmente importante nas mitocôndrias, onde a produção de ROS é elevada devido ao metabolismo energético.

• **Papel do manganês como cofator**: O manganês é um cofator essencial para a Mn-SOD. Está envolvido na manutenção da estrutura da enzima e no processo catalítico. O manganês permite à SOD estabilizar o estado de oxidação do sítio ativo, facilitando a conversão dos radicais superóxidos em produtos menos nocivos.

Outros enzimas dependentes de manganês

Para além da SOD, várias outras enzimas dependem do manganésio para as suas funções biológicas:

• **Manganês ATPase**: Esta enzima está envolvida na regulação do ATP (adenosina trifosfato), a principal fonte de energia das células. A manganês ATPase contribui para a produção e regulação da ATP, facilitando a conversão da energia química em energia utilizável para várias funções celulares.

• **Fosfatase alcalina de manganês**: Esta enzima desempenha um papel crucial no metabolismo dos fosfatos, catalisando a hidrólise dos ésteres de fosfato. Está envolvida em vários processos biológicos, incluindo a mineralização óssea e a desintoxicação. A fosfatase alcalina de manganês ajuda a regular os níveis de fosfato no organismo e é essencial para a saúde dos ossos.

Estas enzimas mostram a diversidade dos papéis do manganês nos processos bioquímicos e destacam a sua importância para a saúde e a função celular.

6. METABOLISMO E REGULAÇÃO

Absorção e transporte

O manganês é um oligoelemento essencial cuja absorção, transporte e regulação envolvem processos bioquímicos complexos:

Absorção

• **Trato gastrointestinal**: O manganês é absorvido principalmente no intestino delgado. A biodisponibilidade do manganês alimentar depende da sua forma química e da presença de outros nutrientes. As formas solúveis de manganês, como o manganês iónico (Mn^{2+}), são mais bem absorvidas do que as formas insolúveis.

• **Mecanismos de absorção**: O manganês é absorvido principalmente por mecanismos de transporte ativo e passivo:

o **Transporte ativo**: O manganês utiliza transportadores específicos localizados na membrana das células intestinais. O transportador DMT1 (Divalent Metal Transporter 1) está envolvido no transporte de iões de manganês através da membrana apical dos enterócitos.

o **Transporte passivo**: Algum manganês é também absorvido por difusão passiva, embora este mecanismo seja menos significativo do que o transporte ativo.

Transporte

• **Transporte sanguíneo**: Uma vez absorvido, o manganês entra na corrente sanguínea, onde é transportado principalmente ligado a proteínas plasmáticas, como a albumina e a transferrina. A forma iónica Mn^{2+} é a mais comum no sangue.

• **Distribuição**: O manganês é distribuído por vários tecidos do corpo, incluindo o fígado, os rins, os ossos e o cérebro. O manganês é transportado para as células através de transportadores específicos, como o transportador de manganês (MnT-1).

• **Regulação**: A regulação do manganês no sangue e nos tecidos é controlada por vários mecanismos de feedback. Quando os níveis de manganês são elevados, a absorção intestinal é reduzida e os níveis são regulados por uma maior eliminação através das fezes.

Excreção

O excesso de manganês é eliminado do organismo principalmente pelas seguintes vias

• **Fezes**: A maior parte do manganês é excretada nas fezes. Este processo envolve secreção biliar, em que o manganês é excretado na bílis e eliminado nas fezes. Este mecanismo ajuda a manter os níveis de manganésio no organismo em equilíbrio.

• **Urina**: Uma pequena quantidade de manganês é eliminada pelos rins e excretada na urina. A concentração de manganês na urina é influenciada pelos níveis de manganês no sangue e pela função renal.

Interacções com outros nutrientes

O manganês interage com vários outros nutrientes, o que pode influenciar a sua absorção e metabolismo:

• **Ferro**: O manganês e o ferro têm mecanismos de absorção concorrentes. Uma ingestão elevada de ferro pode reduzir a absorção de manganês ao competir pelos mesmos transportadores intestinais, como o DMT1. O excesso de manganês pode também interferir com o metabolismo do ferro, perturbando os níveis de ferritina e de transferrina.

• Cálcio: O cálcio pode influenciar a absorção do manganês ligando-se aos mesmos locais de transporte ou alterando o pH intestinal. Níveis elevados de cálcio podem reduzir a biodisponibilidade do manganês, embora as interacções exactas dependam das concentrações relativas e de outros factores alimentares.

• Zinco: O manganês e o zinco também podem interagir no intestino. O zinco pode inibir a absorção de manganês ao competir pelos mesmos transportadores. Por outro lado, o excesso de manganês pode afetar o metabolismo do zinco, alterando os níveis de certas enzimas que utilizam o zinco como cofator.

Estas interacções mostram como o manganês e outros nutrientes podem influenciar a absorção e utilização mútuas no organismo.

7. DEFICIÊNCIA DE MANGANÊS

Sintomas de deficiência

A carência de manganês pode provocar uma série de sintomas e problemas de saúde significativos. Dado o papel crucial do manganês em vários processos bioquímicos, as suas carências podem afetar vários sistemas do organismo:

Distúrbios metabólicos

- **Perturbação do metabolismo dos hidratos de carbono e dos lípidos**: A deficiência de manganês pode comprometer os processos enzimáticos relacionados com o metabolismo dos hidratos de carbono e dos lípidos. Os indivíduos podem apresentar anomalias na síntese de hidratos de carbono complexos e de lipoproteínas, o que pode levar a desequilíbrios energéticos e a uma alteração do metabolismo lipídico.
- **Hipoglicémia**: O manganês é essencial para a regulação da glucose no sangue. Uma deficiência pode levar a níveis anormais de glucose no sangue, contribuindo para episódios de hipoglicemia (baixo nível de açúcar no sangue).

Problemas ósseos

- **Desgaste ósseo e deformidade**: O manganês desempenha um papel crucial na formação da cartilagem e do osso. Uma deficiência pode causar uma alteração na mineralização óssea, levando a problemas como osteoporose, redução da densidade mineral óssea e deformidades ósseas.
- **Cartilagem frágil**: A deficiência também pode afetar a síntese de glicosaminoglicanos, essenciais para a cartilagem. Isto pode levar a articulações dolorosas e a um risco acrescido de artrite.

Défices neurológicos

- **Perturbações cerebrais**: O manganês é vital para o desenvolvimento e manutenção da função cerebral. Uma deficiência pode causar perturbações neurológicas, como problemas de coordenação, alterações comportamentais e problemas de memória.
- **Disfunção neurológica**: As deficiências de manganês podem afetar a produção de neurotransmissores e a plasticidade cerebral, o que pode levar a problemas cognitivos e motores.

Grupos de risco

Certas populações são particularmente vulneráveis a carências de manganês devido a vários factores relacionados com a sua alimentação ou condições de saúde:

Pessoas com dietas muito restritivas

- **Vegans e vegetarianos**: Embora as dietas vegan e vegetarianas possam fornecer fontes de manganês, uma dieta desequilibrada ou insuficiente em termos de variedade pode levar a uma deficiência. As dietas pobres em cereais integrais, frutos secos e legumes podem ser particularmente problemáticas.

Pessoas com má absorção

- **Perturbações gastrointestinais**: As pessoas que sofrem de perturbações gastrointestinais, como a doença celíaca ou a doença de Crohn, podem ter dificuldade em absorver manganês. Estas condições podem levar a uma redução da superfície de absorção no intestino delgado.

Grupos social e economicamente desfavorecidos

- **Dietas pobres**: As pessoas que vivem em condições socioeconómicas desfavorecidas podem consumir dietas pobres em nutrientes essenciais, incluindo o manganês. As dietas ricas em alimentos processados e pobres em fruta, legumes, frutos secos e cereais integrais podem contribuir para a deficiência.

Pessoas com condições médicas específicas

- **Perturbações metabólicas hereditárias**: Certas doenças metabólicas raras podem afetar a capacidade do organismo para utilizar ou regular o manganês, aumentando o risco de deficiência.

Estes grupos devem estar particularmente atentos à ingestão de manganês e podem necessitar de intervenção nutricional ou médica para evitar carências.

8. EXCESSO E TOXICIDADE

Sintomas de toxicidade

O excesso de manganês pode provocar uma série de sintomas e de problemas de saúde, nomeadamente quando está presente em quantidades excessivas no ambiente ou quando é ingerido em grandes quantidades através de suplementos. A toxicidade do manganês manifesta-se principalmente através de efeitos neurológicos, mas pode também afetar outros sistemas corporais:

Doenças neurológicas

• **Parkinsonismo**: O excesso de manganês está associado a uma perturbação neurológica denominada parkinsonismo por manganês, que apresenta sintomas semelhantes aos da doença de Parkinson. Os sintomas incluem tremores, rigidez muscular, bradicinesia (abrandamento dos movimentos) e distúrbios da marcha. Esta condição é frequentemente observada em trabalhadores expostos a níveis elevados de manganês.

• **Alterações cognitivas e comportamentais**: A intoxicação crónica por manganês pode levar a alterações cognitivas, incluindo problemas de memória, concentração e raciocínio. Podem também ocorrer alterações comportamentais, como irritabilidade e perturbações do humor.

• **Disfunção neuromotora**: Os sintomas podem incluir uma coordenação motora deficiente e movimentos involuntários. Os doentes podem ter dificuldade em realizar tarefas motoras finas e podem apresentar uma marcha instável.

Problemas gerais de saúde

• **Problemas respiratórios**: A inalação de partículas contendo manganês pode causar problemas respiratórios como tosse, irritação do trato respiratório e doença pulmonar.

• **Efeitos gastrointestinais**: Um excesso de manganês pode provocar sintomas gastrointestinais como náuseas, vómitos e dores abdominais.

Causas de toxicidade

A toxicidade do manganês pode resultar de uma variedade de situações em que a exposição ou ingestão excede os níveis recomendados. As principais causas de toxicidade incluem :

Exposição profissional

• **Indústrias mineiras e metalúrgicas**: Os trabalhadores das indústrias mineira, metalúrgica e de fabrico de pilhas podem ser expostos a níveis elevados de manganês, o que aumenta o risco de toxicidade. As partículas de manganês podem ser encontradas em poeiras e fumos industriais, levando a uma exposição crónica.

• **Inalação de partículas**: As pessoas que trabalham em ambientes onde o manganês é manuseado podem inalar partículas contendo manganês, levando à acumulação nos pulmões e a um risco acrescido de perturbações respiratórias e neurológicas.

Consumo excessivo de suplementos

- **Suplementos nutricionais** : A ingestão excessiva de suplementos contendo manganês pode levar a uma acumulação tóxica no organismo. Embora os suplementos de manganês sejam geralmente seguros quando tomados nas doses recomendadas, doses elevadas podem causar sintomas de toxicidade.
- **Contaminação alimentar**: Em casos raros, os alimentos contaminados com níveis elevados de manganês podem contribuir para um consumo excessivo crónico, especialmente se estes alimentos forem consumidos regularmente.

Condições médicas específicas

- **Perturbações metabólicas**: Certas condições médicas, como as perturbações da regulação do manganês, podem afetar a eliminação do manganês do organismo, aumentando assim o risco de toxicidade.

A gestão do excesso de manganês implica um controlo regular dos níveis de exposição, ajustamentos da ingestão alimentar e uma gestão adequada dos suplementos.

9. APLICAÇÕES CLÍNICAS E SUPLEMENTAÇÃO

Suplementos de manganês

Os suplementos de manganês são utilizados no tratamento de várias doenças devido ao seu papel essencial em vários processos fisiológicos. No entanto, a sua utilização deve ser cuidadosamente regulada para evitar potenciais efeitos secundários.

Utilização no tratamento

- **Perturbações metabólicas**: Os suplementos de manganês são por vezes prescritos para tratar perturbações metabólicas ligadas a uma carência de manganês. Por exemplo, podem ser utilizados para melhorar os distúrbios do metabolismo dos hidratos de carbono e dos lípidos quando é diagnosticada uma deficiência.
- **Síndrome pré-menstrual**: Alguns estudos sugerem que os suplementos de manganês podem ajudar a aliviar os sintomas da síndrome pré-menstrual (PMS) devido ao seu papel no metabolismo e na regulação hormonal.
- **Osteoporose**: O manganês desempenha um papel na formação óssea, e os suplementos podem ser utilizados no tratamento da osteoporose para apoiar a densidade mineral óssea e a saúde das articulações.

Recomendações de dosagem

- **Doses recomendadas** : As doses dietéticas recomendadas de manganésio variam consoante a idade, o sexo e o estado de saúde. Em geral, as necessidades diárias são de cerca de 1,8 a 2,3 mg para adultos, com possíveis ajustamentos em função das necessidades individuais e das recomendações específicas do profissional de saúde.

- **Segurança e efeitos secundários**: Embora as doses moderadas de suplementos de manganês sejam geralmente consideradas seguras, as doses elevadas podem causar efeitos secundários. Estes podem incluir problemas gastrointestinais, como náuseas, vómitos e dores abdominais. A utilização excessiva pode também provocar perturbações neurológicas, nomeadamente sintomas semelhantes aos do parkinsonismo por manganês. O controlo dos níveis de manganês e dos sintomas é essencial para evitar efeitos adversos.

Investigação clínica

A investigação clínica sobre o manganésio explora o seu papel em várias patologias e as suas potenciais aplicações no tratamento de determinadas condições médicas. Eis um resumo das áreas de investigação actuais:

Papel nas doenças neurológicas

- **Doença de Parkinson**: Os estudos estão a examinar o papel do manganês na patogénese da doença de Parkinson. Embora o excesso de manganês está associado a sintomas de parkinsonismo, algumas investigações estão também a explorar a forma como níveis adequados podem influenciar a progressão ou a prevenção desta doença.
- **Perturbações cognitivas**: Estão em curso investigações para determinar se a suplementação com manganês pode ter um efeito protetor ou terapêutico nas perturbações cognitivas relacionadas com a idade, examinando a forma como o manganês afecta a função cerebral e a neuroplasticidade.

Impacto no metabolismo

- **Diabetes tipo 2**: A investigação está a explorar a forma como o manganês pode influenciar o metabolismo da glicose e a gestão da diabetes tipo 2. Estudos clínicos estão a avaliar se a suplementação com manganês pode melhorar a sensibilidade à insulina e a regulação do açúcar no sangue.

- **Saúde óssea**: Os estudos sobre a saúde óssea examinam a forma como o manganês, como suplemento, pode influenciar a densidade mineral óssea e a prevenção da osteoporose, centrando-se nas suas interacções com o cálcio e o fósforo no metabolismo ósseo.

Aplicações em medicina funcional

- **Prevenção de carências**: A investigação clínica está também a avaliar a utilização de suplementos de manganês para prevenir deficiências em populações de risco, como pessoas com dietas desequilibradas ou distúrbios de absorção.

- **Estudos de segurança**: Os estudos centram-se na segurança a longo prazo dos suplementos de manganês, examinando os potenciais efeitos secundários e as interacções com outros nutrientes e medicamentos.

10. PERSPECTIVAS FUTURISTAS

Avanços na investigação

A investigação sobre o manganês continua a progredir, revelando novas perspectivas e potenciais aplicações em várias áreas da saúde e da medicina. Desenvolvimentos recentes e futuras direcções de investigação destacam a importância crescente deste oligoelemento e as suas implicações para a saúde humana.

Desenvolvimentos recentes

- **Mecanismos neurológicos**: Os avanços na nossa compreensão dos mecanismos neurológicos do manganês elucidaram ainda mais o seu papel nas doenças neurodegenerativas e nas patologias neurológicas. Estudos recentes estão a utilizar técnicas de neuroimagem e de biologia molecular para explorar a forma como o manganês afecta a função cerebral e as vias neuroinflamatórias. O objetivo desta investigação é compreender melhor os efeitos do excesso e da deficiência de manganês na saúde do cérebro.

- **Aplicações de medicina personalizada**: A investigação em medicina personalizada explora a forma como as variações genéticas individuais podem influenciar as necessidades de manganês e a suscetibilidade a doenças relacionadas com o manganês. Estudos sobre polimorfismos genéticos e respostas individuais a suplementos de manganês poderiam levar a recomendações dietéticas mais personalizadas.

- **Interacções com outros nutrientes**: A investigação recente está a centrar-se nas interacções complexas entre o manganês e outros nutrientes essenciais, como o ferro, o cálcio e o zinco. O objetivo é determinar de que forma estas interacções influenciam a absorção, o metabolismo e os efeitos biológicos do manganês, e otimizar as recomendações nutricionais.

Direcções futuras

- **Tecnologias ómicas**: A aplicação de tecnologias ómicas, como a transcriptómica, a proteómica e a metabolómica, ao estudo do manganês está em rápida expansão. Estas tecnologias permitem analisar os efeitos do manganês a nível genético, proteico e metabólico, proporcionando uma visão mais precisa dos seus papéis fisiológicos e patológicos.
- **Modelos animais e estudos clínicos**: Os modelos animais e os estudos clínicos são essenciais para explorar os efeitos do manganês numa variedade de contextos fisiológicos e patológicos. A investigação futura centrar-se-á na utilização destes modelos para avaliar a eficácia das intervenções e tratamentos baseados no manganês, bem como para compreender melhor os mecanismos de toxicidade e deficiência.

Aplicações Aplicações potenciais no domínio da saúde pública

- **Prevenir as carências**: As novas abordagens à nutrição pública poderiam incluir estratégias específicas para prevenir as carências de manganês nas populações de risco. Isto poderia incluir programas de fortificação de alimentos ou recomendações dietéticas específicas para grupos vulneráveis.
- **Gestão de doenças neurológicas**: Os avanços na investigação sobre os mecanismos neurológicos do manganês poderão conduzir a novas abordagens para a gestão e a prevenção de doenças neurodegenerativas. As terapias baseadas na modulação dos níveis de manganésio ou na melhoria do seu metabolismo poderiam oferecer soluções inovadoras.

Novas aplicações médicas

- **Desenvolvimento de medicamentos**: A investigação sobre os efeitos do manganês pode levar à descoberta de novos medicamentos ou tratamentos para doenças metabólicas ou neurológicas. Por exemplo, poderiam ser desenvolvidos compostos à base de manganês para melhorar a função cerebral ou modular os processos inflamatórios.

- **Tecnologias de deteção e monitorização**: Os avanços tecnológicos poderão permitir o desenvolvimento de instrumentos mais precisos para monitorizar os níveis de manganês no organismo e detetar sinais precoces de toxicidade ou deficiência. Estes instrumentos poderiam incluir testes de biomarcadores melhorados ou dispositivos de monitorização portáteis.

Implicações para a saúde pública

- **Educação nutricional**: As novas descobertas sobre o manganês podem influenciar as políticas de saúde pública e os programas de educação nutricional, salientando a importância de manter níveis adequados de manganês e fornecendo conselhos práticos sobre a incorporação de fontes alimentares adequadas.
- **Avaliação dos riscos**: Uma maior compreensão dos riscos associados ao consumo excessivo ou à deficiência de manganês poderia levar a uma reavaliação das recomendações nutricionais e dos limites de exposição na regulamentação alimentar e ambiental.

11. CONCLUSÃO

Resumo dos pontos principais

O manganésio é um oligoelemento essencial para o bom funcionamento de numerosos processos fisiológicos do organismo. As suas funções são variadas e cruciais, abrangendo vários aspectos da saúde humana:

- **Metabolismo**: O manganês está envolvido no metabolismo dos hidratos de carbono, lípidos e proteínas, actuando como cofator de várias enzimas-chave envolvidas nestes processos.
- **Formação óssea**: Desempenha um papel importante na formação e manutenção dos ossos e da cartilagem, contribuindo para a densidade mineral óssea e para a saúde das articulações.
- **Antioxidante**: O manganês é um componente essencial da superóxido dismutase (SOD), uma enzima chave na proteção contra o stress oxidativo. Esta função antioxidante ajuda a prevenir os danos celulares causados pelos radicais livres.
- **Função cerebral**: Está envolvido no desenvolvimento e manutenção da função cerebral, influenciando a cognição, a memória e outras funções neurológicas.
- **Enzimas dependentes do manganês**: O manganês é um cofator de várias enzimas, como a SOD, a manganês-ATPase e a manganês-fosfatase alcalina, que são cruciais para vários processos biológicos, incluindo a desintoxicação e a regulação das funções celulares.
- **Metabolismo e regulação**: A absorção e o transporte do manganês são regulados por proteínas transportadoras específicas e a sua excreção faz-se principalmente através das fezes e da urina. As interacções com outros nutrientes, como o ferro, o cálcio e o zinco, influenciam a sua biodisponibilidade e eficácia.

- **Deficiências e excessos**: A deficiência de manganês pode levar a distúrbios metabólicos, problemas ósseos e défices neurológicos, enquanto o excesso pode causar sintomas neurológicos e outros problemas de saúde. A gestão destes níveis é essencial para evitar as complicações associadas.

RECOMENDAÇÕES

Para manter um equilíbrio ótimo de manganês e apoiar a saúde geral, eis algumas recomendações:

- **Consumo alimentar**: Uma dieta equilibrada é a melhor forma de garantir uma ingestão adequada de manganês. Os alimentos ricos em manganês incluem frutos secos, sementes, cereais integrais, vegetais de folha verde, fruta e leguminosas. A incorporação de uma variedade destes alimentos na dieta diária pode ajudar a satisfazer as necessidades recomendadas sem a necessidade de suplementos.

- **Suplementação**: Os suplementos de manganês podem ser considerados para corrigir carências ou em condições médicas específicas, mas a sua utilização deve ser orientada por um profissional de saúde. É crucial respeitar as doses recomendadas para evitar potenciais efeitos secundários, como perturbações neurológicas ligadas ao uso excessivo.

- **Monitorização e avaliação**: Para os indivíduos em risco de deficiência ou excesso de manganês, a monitorização regular dos níveis sanguíneos e a avaliação nutricional podem ser benéficas. Os ajustes na dieta ou na suplementação devem ser efectuados sob supervisão médica para garantir a segurança e a eficácia das intervenções.

- **Educação e prevenção**: É essencial promover a consciencialização sobre as funções do manganês e os riscos associados à sua deficiência ou excesso. As estratégias de prevenção incluem educação nutricional e políticas de fortificação de alimentos para melhorar a ingestão de manganês em populações vulneráveis.

LEXICON

- **Elemento químico**: Substância fundamental constituída por um único tipo de átomo.

- **Metal de transição**: Elemento químico no centro da tabela periódica com propriedades especiais, como a capacidade de formar vários estados de oxidação.

- **Estado de oxidação**: Número que representa a carga efectiva de um átomo num composto, indicando quantos electrões foram perdidos ou ganhos.

- **Sulfato de manganês**: Composto químico de manganês e enxofre, frequentemente utilizado em aplicações industriais e agrícolas.

- **Dióxido de manganês**: Composto químico que contém manganês e oxigénio, utilizado como catalisador e em baterias.

- **Pirolusite**: Mineral de óxido de manganês, utilizado principalmente como fonte de manganês na indústria.

- **Fitatos** : Compostos presentes nos cereais e nas leguminosas que podem interferir com a absorção de minerais como o manganésio.

- **Trato gastrointestinal**: conjunto de órgãos envolvidos na digestão e absorção de nutrientes.

- **Forma química**: A estrutura molecular de um elemento, que pode influenciar a sua biodisponibilidade e utilização no organismo.

- **Biodisponibilidade**: A proporção de um nutriente que é absorvido e está disponível para utilização pelo organismo após a ingestão.

- **Albumina**: Proteína do plasma sanguíneo que desempenha um papel no transporte de nutrientes, incluindo o manganésio.

- **Trato gastrointestinal**: conjunto de órgãos envolvidos na digestão e absorção de nutrientes.

- **Forma química**: A estrutura molecular na qual um nutriente está presente nos alimentos, influenciando a sua absorção e biodisponibilidade.

• **Enzima**: Proteína que catalisa reacções químicas específicas no organismo.

• **Glicosaminoglicanos**: Polímeros dissacáridos presentes na cartilagem, que contribuem para a sua estrutura e função.

• **Manganês**: Oligoelemento essencial envolvido em vários processos biológicos, incluindo o metabolismo e a proteção contra o stress oxidativo.

• **Superóxido Dismutase (SOD)**: Enzima antioxidante que catalisa a conversão de radicais superóxido em peróxido de hidrogénio e oxigénio.

• **Antioxidante**: Substância que neutraliza os radicais livres e reduz os danos oxidativos nas células.

• **Cofator**: Molécula ou ião não proteico necessário para a atividade enzimática.

• **Desmutação**: Reação química em que uma espécie química é convertida em dois produtos diferentes, frequentemente através da decomposição de radicais livres.

• **Enzima**: Proteína que catalisa reacções químicas específicas no organismo.

• **Radicais superóxidos**: Espécies reactivas de oxigénio, consideradas como agentes de stress oxidativo que podem danificar as células.

• **Manganês ATPase**: Enzima que ajuda a produzir e a regular o ATP, uma fonte de energia para as células.

• **Manganês fosfatase alcalina**: Enzima envolvida no metabolismo do fosfato, crucial para processos biológicos como a mineralização óssea.

• **Absorção**: O processo pelo qual os nutrientes são absorvidos para a corrente sanguínea a partir do trato gastrointestinal.

• **Cofator**: Molécula ou ião não proteico necessário para a atividade enzimática.

• **DMT1 (Transportador de metais divalentes 1)**: Transportador de membrana envolvido na absorção de metais divalentes, incluindo o manganês.

• **Excreção**: Eliminação de resíduos e substâncias em excesso do corpo, principalmente através das fezes e da urina.

• **Regulação**: Mecanismos pelos quais o corpo mantém os níveis de nutrientes e outras substâncias dentro de um intervalo ótimo.

• **Deficiência**: Um estado de carência de um nutriente essencial no organismo, que conduz a perturbações fisiológicas.

• **Défice neurológico**: Função cerebral e nervosa prejudicada devido à falta de nutrientes ou a factores patológicos.

• **Glicosaminoglicanos**: Polímeros dissacáridos presentes na cartilagem, que contribuem para a sua estrutura e função.

• **Hipoglicemia**: estado de baixa concentração de glucose no sangue.

• **Mineralização óssea**: o processo pelo qual os ossos se tornam mais fortes e mais duros através da deposição de minerais como o cálcio e o fosfato.

• **Parkinsonismo**: Síndrome neurológica caracterizada por tremores, rigidez muscular e lentidão de movimentos, frequentemente causada por exposição excessiva a determinadas toxinas ou doenças neurodegenerativas.

• **Neurotoxicidade**: Danos ou perturbações funcionais das células nervosas causados por substâncias químicas.

• **Suplementos nutricionais**: Produtos que contêm nutrientes (vitaminas, minerais, etc.) utilizados para complementar a alimentação.

• **Toxicidade**: Efeitos nocivos ou perigosos causados por doses excessivas de uma substância.

• **Suplementação**: Administração de nutrientes ou substâncias para complementar a dieta ou tratar deficiências.

• **Parkinsonismo**: Síndrome neurológica caracterizada por tremores, rigidez muscular e lentidão de movimentos,

frequentemente causada por uma exposição excessiva a determinadas toxinas ou por doenças neurodegenerativas.

• **Metabolismo**: Todos os processos químicos e biológicos que ocorrem no corpo para manter a vida.

• **Patologia**: Estudo das doenças e perturbações, incluindo as suas causas, efeitos e tratamentos.

• **Ómicas**: Um conjunto de tecnologias para a análise global de genes (genómica), proteínas (proteómica) ou metabolitos (metabolómica) num organismo.

- **Neurodegenerativo**: Relativo a doenças que causam a deterioração progressiva dos neurónios, como a doença de Parkinson ou de Alzheimer.
- **Fortificação de alimentos**: O processo de adição de nutrientes aos alimentos para melhorar o seu valor nutricional e prevenir deficiências.
- **Biomarcador**: Um indicador biológico mensurável que reflecte um estado de saúde ou uma condição fisiopatológica específica.
- **Oligoelemento**: Mineral essencial necessário em quantidades muito pequenas para o bom funcionamento do organismo.

REFERÊNCIAS

• Gmelin, L. (1990). Gmelin Handbook of Inorganic Chemistry (Manual de Química Inorgânica de Gmelin): Manganês. Springer.

• Bartz, J. (2008). The Chemistry of Manganese. Oxford University Press.

• Hurst, R. (2007). Manganês e seus compostos: Aspectos ambientais. Documento de avaliação química internacional concisa da OMS.

• Anderson, R. A., & Polansky, M. M. (2002). Manganese in Foods and Nutrition (Manganês em Alimentos e Nutrição). CRC Press.

• Mertz, W. (1993). Trace Elements in Human and Animal Nutrition (Oligoelementos na Nutrição Humana e Animal). Academic Press.

• O'Neal, S. L., & Zheng, W. (2009). Toxicidade e tratamento do manganês: A Review of the Literature. Environmental Health Perspectives, 117(4), 465-471. https://doi.org/10.1289/ehp.11872

• Anderson, R. A., & Polansky, M. M. (2002). Manganese in Foods and Nutrition (Manganês em Alimentos e Nutrição). CRC Press.

• Mertz, W. (1993). Trace Elements in Human and Animal Nutrition (Oligoelementos na Nutrição Humana e Animal). Academic Press.

• O'Neal, S. L., & Zheng, W. (2009). Toxicidade e tratamento do manganês: A Review of the Literature. Environmental Health Perspectives, 117(4), 465-471. https://doi.org/10.1289/ehp.11872

• Aschner, M., & Gannon, M. (2007). Manganês e seu papel na neurotoxicidade. In: Manganese and Its Role in Neurotoxicity (Manganês e o seu papel na neurotoxicidade). CRC Press.

• Fraga, C. G., & Oteiza, P. I. (2002). O papel do manganês nos sistemas antioxidantes. Free Radical Biology and Medicine, 32(3), 292-298. https://doi.org/10.1016/S0891-5849(01)00799-2

• Mertz, W. (1993). Trace elements in human and animal nutrition (5ª ed.). Academic Press.

• Nelson, D. L., Cox, M. M. (2008). Lehninger Principles of Biochemistry (5ª ed.). W.H. Freeman and Company.

• O'Neal, S. L., & Zheng, W. (2009). Toxicidade e tratamento do manganês: A review of the literature. Environmental Health Perspectives, 117(4), 465-471. https://doi.org/10.1289/ehp.11872

• Anderson, R. A., & Polansky, M. M. (2002). Manganês em alimentos e nutrição. CRC Press.

• Fraga, C. G., & Oteiza, P. I. (2002). O papel do manganês nos sistemas antioxidantes. Free Radical Biology and Medicine, 32(3), 292-298. https://doi.org/10.1016/S0891-5849(01)00799-2

• Halliwell, B., & Gutteridge, J. M. C. (2015). Radicais livres em biologia e medicina (4ª ed.). Oxford University Press.

• Mertz, W. (1993). Trace elements in human and animal nutrition (5ª ed.). Academic Press.

• O'Neal, S. L., & Zheng, W. (2009). Toxicidade e tratamento do manganês: A review of the literature. Environmental Health Perspectives, 117(4), 465-471. https://doi.org/10.1289/ehp.11872

• Anderson, R. A., & Polansky, M. M. (2002). Manganês em alimentos e nutrição. CRC Press.

• Aschner, M., & Gannon, M. (2007). Manganês e o seu papel na neurotoxicidade. Em Manganese and Its Role in Neurotoxicity. CRC Press.

• Mertz, W. (1993). Trace elements in human and animal nutrition (5ª ed.). Academic Press.

• O'Neal, S. L., & Zheng, W. (2009). Toxicidade e tratamento do manganês: A review of the literature. Environmental Health Perspectives, 117(4), 465-471. https://doi.org/10.1289/ehp.11872

• Wong, C. S., & Stöhr, J. (2010). O metabolismo do manganês e as suas interacções com outros metais. Em Manganese and Its Role in Neurotoxicity. CRC Press.

• Aschner, M., & Gannon, M. (2007). Manganês e o seu papel na neurotoxicidade. Em Manganese and Its Role in Neurotoxicity. CRC Press.

• Mertz, W. (1993). Trace elements in human and animal nutrition (5ª ed.). Academic Press.

• O'Neal, S. L., & Zheng, W. (2009). Toxicidade e tratamento do manganês: A review of the literature. Environmental Health Perspectives, 117(4), 465-471. https://doi.org/10.1289/ehp.11872

• Rao, R. S., & Hatcher, H. (2009). Manganese deficiency and bone health (Deficiência de manganês e saúde óssea). Journal of Nutrition, 139(2), 340-346. https://doi.org/10.3945/jn.108.095607

• Weaver, C. M. (2013). Manganês e saúde óssea. Em Nutrição e Saúde Óssea. CRC Press.

• Aschner, M., & Gannon, M. (2007). Manganês e o seu papel na neurotoxicidade. Em Manganese and Its Role in Neurotoxicity. CRC Press.

• Mergler, D., & Baldwin, M. (2008). Manganês e neurotoxicologia: A review. Journal of Environmental Science and Health, Parte A, 43(1), 91-100. https://doi.org/10.1080/10934520701726394

• Mertz, W. (1993). Trace elements in human and animal nutrition (5ª ed.). Academic Press.

• O'Neal, S. L., & Zheng, W. (2009). Toxicidade e tratamento do manganês: A review of the literature. Environmental Health Perspectives, 117(4), 465-471. https://doi.org/10.1289/ehp.11872

• Racette, B. A., & Langston, J. W. (2009). Parkinsonismo induzido por manganês e doença de Parkinson: Similaridades e diferenças. Neurotoxicology, 30(3), 326-331. https://doi.org/10.1016/j.neuro.2008.11.009

• Anderson, R. A., & Polansky, M. M. (2002). Manganês em alimentos e nutrição. CRC Press.

• O'Neal, S. L., & Zheng, W. (2009). Toxicidade e tratamento do manganês: A review of the literature. Environmental Health Perspectives, 117(4), 465-471. https://doi.org/10.1289/ehp.11872

• Racette, B. A., & Langston, J. W. (2009). Parkinsonismo induzido por manganês e doença de Parkinson: Similarities and differences. Neurotoxicology, 30(3), 326-331. https://doi.org/10.1016/j.neuro.2008.11.009

• Weaver, C. M. (2013). Manganês e saúde óssea. Em Nutrição e Saúde Óssea. CRC Press.

• Zhang, Y., & Chen, C. (2016). O impacto da suplementação de manganês no metabolismo da glicose no diabetes: Uma revisão sistemática. Jornal de Endocrinologia Clínica e Metabolismo, 101(8), 3164-3174. https://doi.org/10.1210/jc.2016-1628

• Anderson, R. A., & Polansky, M. M. (2002). Manganês em alimentos e nutrição. CRC Press.

• Côté, I., & Dussault, A. (2020). Manganês: Uma revisão do seu papel na saúde e na doença. Biological Trace Element Research, 194(2), 200-219.https://doi.org/10.1007/s12011-019-01789-5

• Mergler, D., & Baldwin, M. (2008). Manganês e neurotoxicologia: A review. Journal of Environmental Science and Health, Parte A, 43(1), 91-100. https://doi.org/10.1080/10934520701726394

• Racette, B. A., & Langston, J. W. (2009). Parkinsonismo induzido por manganês e doença de Parkinson: Similarities and differences. Neurotoxicology, 30(3), 326-331. https://doi.org/10.1016/j.neuro.2008.11.009

• Weaver, C. M. (2013). Manganês e saúde óssea. Em Nutrição e Saúde Óssea. CRC Press.

• Anderson, R. A., & Polansky, M. M. (2002). Manganês em alimentos e nutrição. CRC Press.

• Mertz, W. (1993). Trace elements in human and animal nutrition (5ª ed.). Academic Press.

• O'Neal, S. L., & Zheng, W. (2009). Toxicidade e tratamento do manganês: A review of the literature. Environmental Health Perspectives, 117(4), 465-471. https://doi.org/10.1289/ehp.11872

• Racette, B. A., & Langston, J. W. (2009). Parkinsonismo induzido por manganês e doença de Parkinson: Similaridades e diferenças. Neurotoxicology, 30(3) 326-331.https://doi.org/10.1016/j.neuro.2008.11.009

• Weaver, C. M. (2013). Manganês e saúde óssea. Em Nutrição e Saúde Óssea. CRC Press.

More
Books!

info@omniscriptum.com
www.omniscriptum.com
OMNIScriptum

Printed by Books on Demand GmbH, Norderstedt / Germany